AF586207

LES PRINCIPALES BÉVUES DES VIGNERONS, AUX ENVIRONS DE PARIS ET PAR-TOUT, OU AVIS TRÈS-IMPORTANT A TOUS LES PROPRIÉTAIRES DES VIGNES,

Pour servir de suite à la nouvelle Méthode de planter & de cultiver la Vigne,
Joint à l'Avis & Leçon aux Laboureurs:

A L'USAGE DE TOUS LES PAYS, VIGNOBLES OU NON VIGNOBLES.

Par M. MAUPIN,

Prix des deux Ouvrages 2 liv. 2 sols, avec le reçu signé de l'Auteur.

A PARIS,

Chez { MUSIER, GOBREAU, } Libraires, Quai des Augustins.

M. DCC. LXXXII.

Avec Approbation, & Privilége du Roi.

PRÉFACE.

Le titre de cet écrit en annonce ſuffiſamment les objets : je les remplirai.

Cet ouvrage ſera très-court, & mon deſſein eſt que tous ceux que je donnerai par la ſuite le ſoient auſſi, du moins autant que les matieres le comporteront. Je m'y bornerai à expoſer mes vues ou mes procédés avec le moins de détails & de diſcution qu'il me ſera poſſible.

Les Vignerons, comme on le verra, font de grandes bévues ; mais combien d'autres ne fait-on point, non ſeulement dans l'agriculture, mais encore dans toutes les parties ſpéculatives qu'embraſſe le ſyſtême politique de la ſeule Richeſſe du peuple ? Ma premiere intention avoit été de les expoſer, & je les avois même préparées ; mais pour le moment, j'ai cru devoir me renfermer dans les objets que je vais préſenter.

Mon deſſein avoit été auſſi de donner aux vignobles un avis important ſur un moyen connu, mais mal employé & pourtant néceſſaire pour ſuppléer, avec avantage, aux futailles dans les années de grande abondance, & c'eſt même principalement dans cette vue que je m'étois hâté de composer cet écrit; mais, indépendamment de l'indocilité des vignobles, cet avis seroit arrivé trop tard, & le mal auroit été fait avant qu'on en eut eû connoissance; c'est pourquoi je l'ai encore supprimé, & je me borne à ce que j'ai dit, dans la Théorie sur le temps de la vendange, à la pag. 29 & aux suivantes, des Eclaircissemens sur la nouvelle Fouloire, à l'article où j'ai traité des vins déposés & entonnés dans les cuves, sauf à revenir sur le même sujet, qui est de la plus grande conséquence, dans le premier ouvrage que je pourrai donner sur les vins.

J'ai joint le présent ouvrage à l'Avis & Leçon aux Laboureurs, par plusieurs raisons. 1°. Parce qu'il est dans mes vues de lier mes ouvrages les uns aux autres, autant qu'il est possible. 2°. Parce que j'ai donné, dans l'Avis & Leçon aux Laboureurs, des instructions qui intéressent les vignobles & dont la connoissance est particulierement nécessaire, soit pour la plantation de la vigne dans les provinces qui n'en ont pas, soit pour faire connoître à ces provinces le grand intérêt qu'elles ont à la cultiver, en prenant toutes les précautions que j'y ai indiquées. 3°. Parce que, dans cet ouvrage comme dans le deux précédens, j'ai renvoyé, en beaucoup d'endroits, à l'Avis & Leçon aux Laboureurs.

4°. Parce qu'il eſt plus commode, plus expéditif & plus économique pour le public, & ſur-tout pour les perſonnes de province, de prendre les deux ouvrages à la fois que de les faire demander ſéparément l'un après l'autre.

J'ai déja joint pluſieurs de mes ouvrages à d'autres que j'avois publiés avant, & j'ai toujours déclaré qu'ils ſeroient délivrés ſéparément aux perſonnes ſeulement qui avoient déja les premiers ; & cette fois pour toutes, je le déclare de nouveau, afin qu'on ne puiſſe en ignorer : mon intention n'eſt point aſſurément de gréver en rien le public, & encore moins les perſonnes qui, par leur empreſſement, méritent plus particulierement mes égards.

Le prix de la Richeſſe des vignobles eſt de 3 liv. 12 ſ. Le prix de la nouvelle Méthode de planter & cultiver la vigne, jointe à la Théorie ſur le temps de la vendange, eſt de 3 l. 6 ſ., & ſe vend, ainſi que la Richeſſe des vignobles, chez les mêmes Libraires où ſe trouve le préſent ouvrage.

Je ne répeterai point ici les avis que j'ai déja donnés aux perſonnes qui me feront l'honneur de m'écrire, elles les trouveront dans les ouvrages dont je viens de parler, & en particulier, aux pages 11 & ſuivantes du Diſcours préliminaire de la Théorie ſur le temps de la vendange. Je me flate qu'elles voudront bien s'y conformer.

LES
PRINCIPALES BÉVUES
DES VIGNERONS.

Les Vignerons commettent, dans la culture de la vigne, comme dans la manipulation des vins, une infinité de fautes, de contre-ſens, d'inepties & de mépriſes groſſieres. Ce ſont toutes ces choſes que j'appelle bévues.

J'ai expoſé, dans la Diſſertation qui précéde la Théorie ſur le temps de la vendange, la plus grande partie de celles qui regardent les vins; mais comme j'en ai oublié quelques-unes d'eſſentielles, j'en ferai mention à la ſuite de celles qui concernent la vigne & que je vais expoſer.

C'en eſt une (bévue) & des plus univerſelles, que de planter & de preſſer la vigne, qui devroit durer des ſiecles, comme on plante & on ſerre un quarré d'artichaux qui ne doit durer que cinq ou six ans. C'en est encore une plus grande, s'il est possible, que de n'observer aucun ordre, aucune régularité, aucune égalité dans la distance des ceps; ensorte que dans une même vigne, les tiges soient, comme elles le sont presque par-tout, les unes à un demi-pied, les autres à un pied; celles-ci à un pied & demi, & celles-là quelquefois à deux pieds les unes des autres. Il est évident que des ceps pressés & entassés en tout sens, ne peuvent qu'épuiser très-promptement la terre, s'affamer les uns les autres, & par conséquent être très-foibles; & qu'à moins d'un grand art, il est impossible qu'ils ne soient dans un besoin continuel de secours. Il est encore évident, du moins pour les hommes en état de raisonner, *que les tiges absorbent, pour se nourrir elles-mêmes, une partie de la sève qu'elles pompent par leurs racines, cette partie de sève, ainsi employée, ne peut plus l'être à produire de nouvelles pousses qui auroient donné du fruit, & par conséquent que multiplier inconsidérément la quantité des tiges, c'est diminuer d'autant le rapport de la Vigne, indépendamment de beaucoup d'autres inconvéniens très-graves.* Enfin, il est évident que le défaut d'ordre & la grande inégalité dans la distance des ceps, doivent non-seulement mettre une très-grande différence dans leur rapport, mais encore dans leur durée comme dans leur force; d'où il arrive que la vigne se déteriorant chaque année, par la perte d'une partie de ses ceps, il faut chaque année remplacer ces ceps à grands frais, ce qui ruine le propriétaire & n'empêche pas que, souvent après un terme très-court, la vigne ne soit plus bonne qu'à arracher. Combien de Vignes encore sur pied ne seroient propres qu'à cela.

Comme l'entassement des ceps & l'inégalité de leur distance sont des bévues, l'opération qui les produit en est une aussi. Cette malheureuse opération est la principale cause de la détresse & de la ruine des Vignobles. Si on ne fossoyoit pas pour multiplier, comme l'on fait presque par-tout, les vignes seroient plus espacées & le seroient plus également, elle dureroient beaucoup plus long-temps, elles couteroient infiniment moins en façons, en fumiers & en échalas, les raisins prendroient plus de qualité, pourriroient moins, & les vins seroient meilleurs, non-seulement parce que les vignes seroient beaucoup moins fumées, mais encore parce que la séve seroit beaucoup mieux élaborée & plus parfaite qu'elle ne peut l'être, en rajeunissant sans cesse la vigne par des provins, dont les nouvelles racines, d'une tissure lâche

& grossiere, ainsi que le jeune bois, ne sont rien moins que propres à préparer & à travailler la séve. On sait tout cela ou à peu près, mais on sait si mal le peu que l'on sait, qu'à l'exception de certains Vignobles, ou par circonstances bien plus que par principes, on ne provigne pas, du moins habituellement, dans tous les autres on ne cesse de provigner & de multiplier : & cet abus si révoltant sous tous les points de vue, s'est répandu jusques dans les cantons mêmes où l'on paroît s'occuper le plus de la bonne qualité des vins, je veux dire dans la Bourgogne & la Champagne. Ce n'est pas tout, dans les Vignobles les plus estimés de la Champagne, on s'est fait une loi de rabaisser & de coucher en terre, chaque année, une partie des ceps : dans la Bourgogne, si ce n'est pas cela, c'est autre chose, mais toujours des choses préjudiciables à la parfaite qualité des vins, on provigne comme ailleurs, & en outre, comme dans beaucoup d'autres endroits, on fait des longues tailles que l'on plie ou que l'on ne plie pas, mais qui, outre les inconvéniens que j'ai exposés à la pag. 26 de ma Nouvelle Méthode, ont encore, comme je l'ai exposé à la même page, celui d'être préjudiciables à la maturité des raisins, & par suite, à la meilleure qualité des vins. Combien de bévues!

C'en eſt une qui ne le céde à aucune autre, ſi elle n'eſt pas plus grande encore, que de laiſſer les tiges s'élever comme on le fait aux environs de Paris, & du plus au moins, par-tout. (*a*) A l'exception des cas exprimés dans la note ci-deſſous, & des vignes qui ne ſont point échalaſſées, où les tiges peuvent, ſuivant la nature des terres, porter, depuis un pied & demi juſqu'à deux au plus, de hauteur, j'eſtime qu'en général les tiges ne doivent pas avoir plus de ſix ou neuf pouces d'élévation.

Une autre bévue du même genre, & qui n'eſt ni moins grande, ni moins commune, ſur-tout dans les vignes tenues en treilles ou baſſes treilles, c'eſt d'entretenir trop de vieilles branches ſur les tiges, & de les laiſſer trop s'allonger.

Ces deux abus ſont les plus grands & les plus préjudiciables que je connoiſſe dans la maniere ordinaire de tenir les vignes. Ce ſont eux, bien plus encore que la proximité des ceps qui en hâtent la ruine & en diminuent le rapport : ce ſont eux & en général les tailles trop alongées, & au-deſſus de la force des ceps, qui néceſſitent ſi ſouvent les provins dans les vignes déja

---

(*a*) Voyez la pag. 10 de la nouvelle Méthode de cultiver la vigne, & remarquez en outre qu'il ne s'agit pas ici des Vignes hautes ou hautaines.

provignées, & occasionnent l'usage si fréquent de cette ruineuse opération. Eux seuls coutent aux Vignobles, chaque année, des sommes immenses; & pour réformer ces abus, il n'en couteroit pas un sol, mais il faudroit une bonne serpette.

En 1761, j'avois deux grands jardins dans lesquels il y avoit beaucoup de pieds de vigne en espaliers. Ces pieds de vignes ou treilles, étoient chargées d'une grande quantité de vieux bois, ou autrement dit, de vieilles branches. Ces vieilles branches portoient peu de fruit, & en général les nouvelles pousses avoient peu de vigueur.

Dans l'automne de la même année, je fis élaguer entierement une grande partie de ces vieilles branches, je conservai les plus courtes & les plus basses : en conséquence de cette décharge, j'allongeai la taille sur les dernieres pousses, & je les fis même tailler si longues, que mon Jardinier me dit, en propres termes, que je donnois à ces treilles leur dernier sacrement; cependant, au moyen de la suppression du vieux bois & de la précaution que j'avois prise, de courber un peu en cercle les sarmens que j'avois taillés, afin que la seve, se portant à peu près également dans tous les yeux, put y développer les bourgeons qui devoient en fortir, la pouffe fut des plus vigoureufes, les nouveaux bourgeons furent de cinq à fept pieds de long, j'eus des raifins en abondance, & dans l'hiver long & rigoureux de 1763, où un grand nombre des tiges éclaterent dans les autres jardins comme dans les vignes, je n'en eus qu'une feule qui fubit le fort commun, & toutes les autres tinrent fermes.

J'ai rapporté cet exemple, non pour autorifer les longues tailles, toujours déplacées dans les vignes ferrées, mais pour faire fentir tout le préjudice des abus que je viens de reprendre, & toute l'importance du principe & du moyen que j'expoferai, à cette occafion, dans les additions que l'on trouvera fur la Nouvelle Méthode à la fuite des bévues.

C'en eft une très-grande, ainfi que je l'ai déja remarqué, que de foffoyer & de provigner les ceps originaires pour en multiplier la quantité, mais c'eft le comble de l'ignorance ou un trait infigne de la mauvaife foi de certains Vignerons, que de prétendre, comme je le vois par quelques lettres que j'ai reçues, qu'une vigne plantée en farment enraciné, ne peut fe foutenir plus de trois ou quatre ans, & qu'au bout de ce temps, elle périroit fi elle n'étoit couchée & provignée. C'eft une bévue de la même efpece, que d'ofer avancer, comme le font les mêmes Vignerons, qu'une vigne de quatre ans plantée en crossettes, & qui a déja produit du raisin, périroit, & ne pourroit se soutenir plus long-temps, si on ne venoit au secours en la couchant & provignant. Je sais bien que les Vignerons sont ignorans, & que tous, par un esprit d'intérêt, poussent, autant qu'ils peuvent, les Propriétaires Bourgeois à la folle opération dont il s'agit; mais je n'aurois jamais cru qu'ils eussent porté l'absurdité ou l'impudence à un pareil point, si des hommes dignes de foi, & qui connoissent mes principes sur cette matiere, ne m'eussent écrit tout exprès pour me consulter, & prendre mon avis sur ces opinions extravagantes. Il faut avouer que si les Maîtres ne savent rien, ils en sont bien punis.

C'est encore une bévue des Vignerons, que de planter à la barre ou à la taravelle, comme on le pratique dans certains Vignobles. C'en est encore une, ou du moins c'est une faute en ce qu'on pourroit faire mieux, que de planter la vigne dans des fosses ou bovettes, fut-ce même des marcottes en gazon ou en mannequin. A l'égard des vignes ordinaires, la meilleure maniere est de planter à fossé ouvert, ou autrement dit, en rayons. Cette maniere n'a aucun inconvénient, & a une infinité d'avantages qu'on ne peut rencontrer dans aucune autre: elle est, sur-tout, indispensable dans ma Méthode.

Si, à la rigueur, ce n'est point une bévue, c'est au moins une fausse vue, &, à mon avis, une combinaison très-mal entendue que l'usage raffiné où sont certains Vignobles, d'amasser au pied de leurs vignes ou ailleurs, des fumiers qu'ils mélangent de terre, en mettant alternativement une couche de l'un & une couche de l'autre. Cet usage a cependant un bon côté, mais il en a aussi deux mauvais, l'un d'être très-cher à cause du transport de la terre qu'on est quelquefois obligé d'aller chercher fort loin; l'autre, que ce fumier, ainsi mélangé, & consumé comme je le suppose, ne sert à rien, ou ne sert que très-peu à la nutrition des racines inférieures qui pourtant n'ont pas moins besoin d'être aidées que celles de la superficie. Je sais tout ce qu'on pourroit dire pour défendre cette coutume, mais il n'en est pas moins vrai que le fumier tout seul seroit moins cher, qu'il feroit plus d'effet, & qu'en l'employant en temps convenable & de la maniere que je l'ai marqué dans ma Nouvelle Méthode, il ne préjudicieroit pas plus à la qualité du vin que de la maniere dont on le prépare. On se donne souvent bien de la peine, & on dépense bien de l'argent sans trop savoir pourquoi; mais le monde, & sur-tout celui de l'agriculture, n'est encore mené par-tout que par les préjugés & la mode du pays.

Les bévues que je viens de relever, ne sont pas, à beaucoup près, les seules que commettent les Vignerons dans la culture des vignes, mais ce sont les principales, & à l'égard des autres, je me réserve de les faire remarquer aux personnes qu'elles regarderont particulierement, à mesure que les demandes que l'on pourra me faire d'après la derniere partie de cet Ouvrage, m'en fourniront l'occasion.

Voici maintenant les remarques que j'ai annoncées sur les Vins, & que j'ai omises dans la Dissertation que j'ai placée avant la Théorie sur le temps de la vendange. Je me bornerai à les poser, sauf à y revenir ailleurs s'il en est besoin.

L'usage de brasser & de battre le vin, pour ainsi dire, jusqu'à extinction, comme on le pratique par rafinement dans certains Vignobles, est mal vu, en le supposant même exécuté avec discernement; ce qui n'est guère à présumer. Cet usage a de très-grands inconvéniens. En général aidons la nature, mais ne la forçons pas.

Un abus beaucoup plus grand, & qui ne peut se justifier sous aucun point de vue, c'est

la

la coutume où ſont quelques cantons de dépoſer leur vendange, pendant huit jours & quelquefois plus, dans des tonneaux où elle fermente tant bien que mal; & au bout de ce temps, de la retirer dedans ces tonneaux & de la raſſembler dans une cuve où on la foule de nouveau & où elle fermente ſi elle peut. Cet uſage eſt une bévue inſoutenable.

Mon deſſein étoit encore de faire une autre remarque; mais après toutes les diſcutions auxquelles je me ſuis livré précédemment ſur la partie dont je vais parler, je me bornerai à rappeller les Vignobles à l'indication générale que j'ai publiée pour le décuvage des Vins, & à les avertir que toute autre indication contraire à celle-là, de quelque part qu'elle vienne, ne peut être que fauſſe ou imparfaite. Il n'y a pas deux bonnes indications générales; il n'y a que celle que j'ai donnée, en la modifiant ſuivant les circonſtances comme je l'ai enſeigné. Voyez le problême ſur le décuvage des Vins; la deuxieme & la troiſieme des expériences dans la Richeſſe des Vignobles, les pag. 24 & ſuivantes de la Diſſertation inſérée dans la Théorie ſur le temps de la vendange, & les Obſervations ſur le décuvage, que j'ai placées à la ſuite de cette Théorie, ſous le titre d'Eclairciſſemens ſur la nouvelle Fouloire,

& notamment ce que j'ai dit sur les vins verds, aux pag. 24 & suivantes de ces Observations.

ADDITIONS

A la nouvelle Méthode de cultiver la Vigne, sur différens objets.

Quand on considére, d'un côté, le grand nombre d'Auteurs, qui, dans tous les siecles & de nos jours mêmes, ont écrit sur l'Agriculture, & de l'autre, que cet art n'est encore, dans presque toutes ses parties, que ténébres, ignorance & sur-tout confusion, on est, ce semble, forcé de convenir que cet art est, de tous les arts, le plus difficile, comme il est aussi le plus excellent.

Il en est un toutefois que j'excepterois, c'est celui d'apprendre aux hommes en général à bien juger & à bien voir; mais il est encore à trouver.

Avec cet art, que de faux systêmes & de mauvais livres, en tout genre, nous verrions rejettés, & que de bons livres & de grandes inventions, qui sont plus ou moins rejettés, nous verrions recherchés & préconisés, au moins par les hommes qui semblent appellés à penser!

Cette réflexion mériteroit peut-être d'être

plus développée; mais pour le moment je suis forcé de me borner aux objets que je vais traiter.

Des Vignes en côtes.

Il y a peu de Vignobles dont une partie des vignes ne soit située sur des côtes. Ces côtes ne sont pas par-tout également rapides; mais il y en a un grand nombre qui le sont. Cette situation est toujours la plus favorable pour la bonne qualité des vins. *Bacchus amat colles*; mais le reportement des terres, ou autrement dit, le terrage qu'elle semble nécessiter est très-onéreux & augmente de beaucoup les frais de la culture. J'ai déja donné, dans l'Art de la vigne, & en dernier lieu dans la nouvelle Méthode, des vues relatives à cet objet.

J'ai dit à la pag. 12 de la nouvelle Méthode, que quelle que soit l'exposition des vignes en côteaux, il falloit en diriger les rangées en travers & dans le sens le plus opposé à la pente; & cela pour empêcher que dans les labours, on n'attire toujours la terre du haut en bas.

A la pag. 13, j'ai dit que dans toutes les vignes en pente & sur-tout celles qui en ont beaucoup, je conseillois de faire, de distance en distance, des tranchées transversales, pour faciliter l'écoulement des fortes pluies d'orages & prévenir l'éboulement ou l'emportement des terres qui en eſt la ſuite. J'ai conſeillé d'en agir de même à l'égard des terres marécageuſes, & en général de toutes celles où l'eau ſurabonde à la ſuperficie.

Ces moyens ſont faciles à pratiquer, & leur effet eſt sûr. En les employant, les vignes en côtes n'auront pas plus beſoin d'être reterrées que les vignes en plaine, ou du moins ce beſoin ſera infiniment moins fréquent : tout le monde en conviendra, & cependant juſqu'ici quels ſont les Vignobles qui en aient fait uſage? On ſe plaint bien que les Vignerons labourent toujours la vigne de bas en haut, & par là attirent la terre du haut en bas. On voit bien les dégats que font les pluies d'orages & les torrens qu'elles forment par leur chute. On ſait bien que le terrage indiſpenſable pour réparer les torts que font les ravines & la mauvaiſe manœuvre des Vignerons, eſt une opération très-couteuſe; mais ces maux on les regarde comme incurables, & quelque ſimples que ſoient en apparence les combinaiſons néceſſaires pour les prévenir, on ne ſait pas les faire.

J'avois préparé une diſſertation aſſez étendue ſur cet objet; mais avec les hommes de l'agriculture, ce ne ſont pas toujours les choſes les plus parfaites qu'il faut rechercher, ce ſont les plus ſimples; parce que l'exécution en étant plus facile, elles ſont plus généralement adoptées & deviennent, par là, plus utiles.

C'eſt cette réflexion qui m'a déterminé à réduire toute ma Diſſertation, pour ainſi dire, à une ſeule obſervation, c'eſt que, dans les côtes dont la pente eſt trop roide, comme il y en a beaucoup, il faut faire les tranchées deſtinées à la plantation de la vigne, & par conſéquent établir les rangées, non dans le ſens oppoſé à la pente comme dans les autres côtes; mais au contraire dans le ſens même de la côte, en ſorte que les rayons ſoient dirigés, ſuivant l'uſage ordinaire, dans le ſens de la pente; autrement les Vignerons ne pourroient, comme je l'ai vu moi-même, aſſez prendre pied pour labourer la vigne dans le ſens contraire à la pente.

Ceci peut être regardé comme une exception; mais comme elle a ſes inconvéniens, on peut & on doit les prévenir, en multipliant les foſſés plus que dans les autres vignes, ou leur donner plus de largeur & de profondeur, non-ſeulement dans la vue de favoriſer l'écoulement des grandes pluies, mais encore pour empêcher que les Vignerons, en labourant la terre de bas en haut, n'attirent la terre du haut de la piece jusques dans le bas. J'estime que dans le cas dont il s'agit, les fossés devroient avoir deux pieds de large sur dix-huit pouces de fond, & plus si cela étoit possible, qu'ils devroient être au plus à quarante pieds l'un de l'autre, & que chaque année après la vendange, & peut-être encore mieux après l'hiver, on devroit les écurer & en faire porter la terre au haut de chaque espace de terre au-dessous duquel se trouvera chaque fosse.

Si, pour bonnes raisons, car j'en vois plus d'une, on jugeoit à propos d'appliquer à toutes les vignes en côte, la direction que j'ai conseillée plus haut, pour quelques-unes, on le peut, mais en prenant exactement les mêmes précautions que je viens d'indiquer.

Des tiges trop élevées & des vieilles branches.

Longues tiges & vieux bois, ou vieilles branches, deux causes principales & trop communes de la ruine des vignes, & principalement de celles qui sont tenues en treilles ou perchées. Ce que j'ai dit à la pag. 8 à l'occasion de la multiplication des tiges, peut s'appliquer également à leur trop haute élévation & aux vieilles branches; la raison est la même, ainsi je ne la répéterai point ici. On peut voir encore les pag. 11 & ſuivantes, où je me ſuis fort étendu ſur le même ſujet.

Il réſulte de ce principe, qu'il faut généralement tenir la vigne baſſe de tige, & lui laiſſer le moins de vieilles branches qu'il eſt poſſible.

Le moyen qu'il faut employer pour cela, c'eſt de porter, ſur les brins les plus bas, toute la taille que comporte le cep, & de retrancher toutes les branches ſupérieures. Il vaut mieux, quand les brins ſont bons, ne tailler que ſur trois brins à trois yeux chacun, que de tailler ſur quatre, à deux & à trois yeux, comme il vaut mieux encore & par la même raiſon, ne tailler que ſur deux brins, chacun à trois yeux, que ſur trois brins, chacun à deux yeux. *En général, il faut toujours multiplier les têtes le moins qu'il eſt poſſible.* Tout cela eſt fort aiſé, & n'eſt p[illegible]ué nulle part, ou l'eſt fort mal.

Ce n'eſt pas que les Vignerons, étant toujours dans les vignes, & dans le cas de faire la comparaiſon des ceps les uns avec les autres, leurs yeux ne ſoient néceſſairement frappés de la différence ſenſible qu'il y a entr'eux, & qu'ils ne voyent que toutes choſes égales d'ailleurs, les ceps dont les tiges ſont les plus longues, & qui portent le plus de vieilles branches, ſont aussi ceux qui portent le moins de fruit, & que par conséquent il seroit nécessaire de les rabaisser par la taille, mais ils y rencontrent souvent une difficulté, c'est qu'assez communément & presque toujours, les sarmens qui se trouvent au faîte du cep, sont les plus forts & quelquefois les seuls sur lesquels on peut espérer du fruit. Cet obstacle, qu'avec plus de savoir, ils auroient pu prévenir, est ce qui les arrête & les détermine à continuer de tailler sur les branches les plus élevées; ainsi au lieu de rabaisser le cep, ils l'élévent encore & augmentent le mal loin de le détruire.

Il arrive delà, sur-tout dans les vignes ordinaires, ou que le cep périt, & qu'il faut l'arracher, comme cela n'est pas rare, ou qu'il s'affoiblit au point de forcer, après bien des délais, à le rabaisser sur les brins inférieurs & proche du tronc, ou, qu'à force de s'élever, il faut, pour en finir, le coucher & le provigner s'il a conservé assez de bois & de vigueur pour cela.

Le premier de ces trois expédiens ruine la vigne. Le troisieme a, plutôt ou plus tard, le même effet, & en outre coute cher. Le second est bon, mais il faut l'appliquer dès qu'il est nécessaire. Les délais ne font qu'accroître le mal, ce qui n'arriveroit pas si on comprenoit qu'il faut savoir, au besoin, sacrifier la jouissance d'une année à plusieurs, & que souvent même, comme dans le cas qui suit, il n'y a point de sacrifices à faire.

Si les brins inférieurs peuvent porter du fruit dès l'année même, c'est sur eux qu'il faut rabattre le cep, en les taillant & en supprimant la tête du cep comme je l'ai marqué à la suite du principe, *longues tiges, &c.* Dans ce cas il n'y aura point de jouissance interrompue.

Si les brins inférieurs, ou parce qu'ils sont trop foibles, ou parce qu'ils sont sortis du tronc l'année même, ne donnent aucune espérance de fruit pour l'année suivante, il faut encore rabaisser le cep sur ces brins, qui étant bien taillés, & au moyen de la suppression de la tête & des branches trop élevées, pousseront des bourgeons vigoureux, lesquels, l'année d'après, donneront de beaux raisins, ensorte qu'il n'y aura qu'une seule année d'interruption de jouissance, & encore, dans le cas présent, la jouissance, ne sera souvent qu'interrompue en partie, vu que, suivant l'année & les circonstances, une partie de la taille pourra donner du fruit.

Si, par un effet de la négligence que l'on ne met que trop souvent dans la façon de l'ébourgeonnement, il n'y avoit au pied de la tige, ni ſarmens, ni bourgeons de la derniere pouſſe, il faudroit néceſſairement conſerver une partie des ſarmens les plus élevés, & toujours le moins de branches ou de têtes différentes qu'il ſeroit poſſible, & veiller à ce que lors de l'ébourgeonnement, on conſerve ſoigneuſement deux ou trois, ſuivant la force du cep, des bourgeons qui ſeront ſortis du bas de la tige, afin de pouvoir, à la premiere taille, ſupprimer la partie ſupérieure du cep, & par ce moyen le rajeunir. Dans ce cas, comme dans le précédent, il n'y aura qu'une année de perte de jouiſſance, mais ici elle ſera complete quant aux ceps qui s'y rencontreront.

Il faudra, pour donner plus de force aux bourgeons, les rogner quand ils auront acquis un peu de longueur, à moins qu'ils ne pouſſent avec beaucoup de force, auquel cas on ne les rognera que dans le temps ordinaire.

Si, (car il faut ſuppoſer tous les cas) ſi toute la vigne ou la plus grande partie n'étoit compoſée que de ceps & de branches trop élevées, alors on ſe borneroit, la premiere année, à rabattre & à rajeunir les ceps dont les ſarmens inférieurs, comme dans le premiers cas, pag. 25, pourroient donner du fruit.

A l'égard des autres ceps, on pourra, dans le cas dont il s'agit, diviſer l'opération en deux ou trois années, en rabattant toujours de préférence les ceps les plus élevés & ceux dont les ſarmens inférieurs pourront porter du fruit, quand ils n'en promettroient que peu par comparaiſon à la vigueur du cep. On peut être aſſuré que toute la force du cep paſſera dans le bas, dès que la partie ſupérieure aura été ſupprimée, & que ſi on exécute bien, ce qui eſt très-facile, tout ce que je viens d'enſeigner & les autres principes que j'ai donnés ſur la taille, la vigne, ſans foſſes, ſans provins, ſans fumier ni nouveaux échalas, & étant ainſi rabaiſſée & rajeûnie, pouſſera vigoureuſement, donnera de beaux fruits & durera beaucoup plus long-temps.

Je me ſuis beaucoup étendu ſur cette partie, parce que la connoiſſance en eſt abſolument néceſſaire, pour pouvoir éviter l'opération ruineuſe que je me ſuis propoſé de détruire.

J'aurois pu modifier le moyen que je viens de propoſer, par un autre, mais l'opération auroit été plus compliquée, plus difficile, plus embarraſſante, & auroit exigé quelques frais : c'eſt pour cela que, quoique ce moyen ne ſoit pas ſans avantage, je n'en ai pas parlé. Il faut, aux hommes de l'agriculture, des moyens ſimples comme eux.

Le moyen ou les moyens que je viens de proposer, sont très-simples, cependant il faut les étudier pour les bien comprendre, & en faire une juste application. C'est l'avis que je donne en général à l'égard de tous mes ouvrages. Je ne demande pas mieux que de communiquer toutes les instructions qui sont relatives aux parties que j'y ai données mais je voudrois bien qu'on ne me demandât pas celles qui y sont, & quelquefois mot pour mot.

Observations sommaires sur les principales propriétés de ma nouvelle Méthode.

Ma nouvelle Méthode de planter & de cultiver la vigne, convient à tous les pays où l'espacement des ceps est moindre que celui que j'y enseigne. Que les vignes soient soutenues par des échalas, qu'elles ne le soient pas, les principes, la raison, la proportion, les avantages, & par conséquent la nécessité de l'espacement tel que je l'ai indiqué, sont les mêmes, & sont les mêmes pour toutes les terres, pour toutes les expositions & pour tous les plants; & à l'égard des cantons où la vigne est plus espacée, il y auroit encore bien des distinctions à faire, d'autant que ma culture est, on ne peut pas plus économique, & qu'elle a des avantages particuliers qu'on ne peut trouver dans aucune autre. Voyez entr'autres la pag. 26 de la nouvelle Méthode.

D'ailleurs les principes & les vues que j'ai donnés dans cette Méthode & dans cet écrit, qui en est une suite, sont d'usage, en plus ou en moins, pour tous les pays, pour tous les espacemens & pour toutes les formes de vignes telles qu'elles soient. Ma Méthode prise dans toutes ses parties, est une méthode universelle; & il n'y a aucun pays, ceux même dans lesquels il n'y a point de vignes, qui ne doivent se la procurer & en faire usage. C'est pour celles de nos provinces qui sont dans ce dernier cas, non moins que pour les autres, que je l'ai donnée. Si malgré l'intérêt qu'elles y ont, & toutes les instructions & facilités particulieres que je leur ai données dans l'Avis & Leçon aux Laboureurs, elles n'en profitent pas, ce sera un barbarisme à ajouter à tant d'autres du dix-huitieme siecle, & qui lui sera même particulier; car assurément les autres siecles n'ont jamais été dans le cas de manquer une aussi belle occasion.

« A chaque pas, dit le proverbe, la terre » ne se ressemble pas ». Il suit delà, qu'il est très-rare qu'il ne se rencontre dans toutes les vignes, quelques veines de terre moins favorables que les autres à la production & à la durée des ceps qui s'y trouvent placés. Ces ceps exigent des secours plus fréquens & particulierement plus d'engrais; cependant quand *une fois la vigne y est bien venue*, j'estime qu'en général le plus grand secours & le plus efficace qu'on puisse lui procurer, c'est de la tailler toujours un peu au-dessous de sa force apparente. Avec cette attention la vigne rapportera toujours, donnera de plus beaux fruits, n'exigera point ou que très-peu d'engrais & durera autant que si le terrein étoit meilleur.

Au reste, cette regle est générale pour toutes les vignes quelles qu'en soient les terres. Je l'ai déja établie à la pag. 20 de la nouvelle Méthode; mais elle est si importante que j'ai cru devoir la rappeller ici. On ne peut y faire trop d'attention. L'économie de la taille est au-dessus de tout, au-dessus de l'écartement, au-dessus des engrais & de tous les moyens possibles, pour toutes les vignes plantées & bien plantées.

SUITE DES ADDITIONS.

Les Bévues sont inséparables de l'ignorance, & l'ignorance est la Reine de l'univers: il n'y a point d'homme qui ne soit plus ou moins soumis à son empire; mais où elle regne le plus souverainement, c'est dans l'agriculture. Tous ses arts, & sur-tout ses plus grands arts, sont demeurés dans l'état d'imperfection où les avoient laissés les heureux génies qui les ont enfantés. Je l'ai démontré dans cet Ouvrage & dans les trois précédens, & on ne détruira pas mes preuves. Tous les autres arts ont fait les plus grands progrès; ceux-là n'en ont fait aucun. Est-ce défaut de génie? Sont-ce d'autres causes? C'est une question que je n'examinerai point. Toujours est-il que, quelque multipliées qu'aient été les Leçons, de nos jours & dans tous les temps, & que, quelqu'universelle que soit la pratique de ces arts, ils sont encore, pour ainsi dire, dans leur premiere enfance, sur-tout par rapport aux grandes vues & aux grands moyens. S'ils n'y étoient que dans la pratique, ce seroit aux Cultivateurs seuls qu'on pourroit s'en prendre; mais, à quelques-uns près peut-être, ils le sont également dans la Théorie, & dès lors ce ne sont pas eux qu'il faut en accuser. Nés dans les préjugés, eussent-ils du génie, il seroit étouffé; aussi, en exposant les bévues des Vignerons, n'ai-je point eu intention de leur en faire un reproche. Ce qu'on pourroit leur reprocher avec beaucoup plus de raison & devroit même être réprimé, s'il étoit possible, c'est leur entêtement & les impertinentes contradictions dont ils ne cessent de fatiguer leurs Maîtres, quand, par hazard, ils s'avisent d'avoir une volonté contraire à la leur. Quant aux bévues, c'est autre chose, il faut bien être ignorant, quand on n'est pas instruit, & que, par soi-même, on n'a aucun moyen de l'être; mais que des propriétaires riches, opulens ou seulement aisés, comme il y en a un si grand nombre dans la Capitale & ailleurs; que des hommes qui ne peuvent ignorer de l'existence de mes découvertes, & qui, à moins qu'ils ne l'aient pas voulu, doivent savoir combien elles sont irréprochables, aiment mieux, quelles qu'en soient les raisons, gaspiller ou laisser gaspiller leurs vignes & leurs vins, que de s'instruire; que la Richesse des Vignobles & ma Théorie sur le temps de la vendange, qui devroient être au moins dans les mains de tous les Seigneurs & de tous les Syndics des Communautés de Vignobles; que ma nouvelle Méthode de cultiver la vigne, qui réunit tous les avantages & les plus économiques; enfin, que l'Avis & Leçon aux Laboureurs, qui contient la Théorie la plus solide, la plus vaste, la plus simple & la plus propre à éclairer toutes les parties de l'agriculture, (je parle avec confiance, car je ne crains point d'être démenti); que tous ces ouvrages, dis-je, me soient

ſoient à peine demandés, lorſque, pour la Capitale ſeule, je devrois en avoir fait plus de vingt éditions telles que celles que j'ai faites; c'eſt pour ne rien dire de plus, ce que j'ai peine à comprendre, ſur-tout dans un ſiecle doublement ſage & comme philoſophe, & comme économiſte, & dans lequel parconſéquent les hommes doivent tout au moins faire uſage pour eux-mêmes, de leurs lumieres & de leur raiſon.

Une indifférence auſſi générale, auſſi peu naturelle, puiſqu'il ne l'eſt pas, d'agir contre ſoi-même, & cependant auſſi ſoutenue, puiſque les plus longs efforts, les plus hauts exemples & les plus grands ſuccès n'ont pu la dompter; une telle indifférence eſt bien propre ſans doute à rebuter le zele & la volonté la plus opiniâtre: & en effet elle m'a forcé déja de retirer pluſieurs de mes éditions.

Il faut pourtant être juſte, mes ouvrages ſont peut-être auſſi demandés que beaucoup d'autres bien plus pronés; mais ils le ſont ſi infiniment peu, par comparaiſon à ce qu'ils devroient l'être, que je ne m'en crois pas moins bien fondé dans tout ce que je viens de dire.

Cependant, comme ce n'eſt pas tellement la faute du public, que ce ne ſoit encore celle de bien d'autres, & que dans tous les états &

même les plus hauts rangs, il y a des amateurs qui estiment mes découvertes, & en désirent la suite, avec le plus grand empressement, j'ai cru devoir poursuivre l'instruction que j'avois commencée par ma nouvelle Méthode de cultiver la vigne, & j'ai entrepris de pousser, d'une maniere ou d'une autre, les Vignobles à bout, soit en les forçant à se rendre, au moins sur cette partie, soit en leur enlevant jusqu'au plus léger prétexte, s'ils ne se rendent pas.

C'est particulierement pour en venir là, que j'ai exposé les principales bévues des Vignerons, & que je me suis fort étendu sur ce qui concerne la taille de la vigne, mais quelque pressantes que soient les raisons que j'ai données contre la proximité des ceps; quelque clair & facile que soit le moyen que j'ai proposé pour la suppression des vieilles branches & des tiges trop élevées, je n'ai pas encore dit tout ce qu'il est possible de dire & de faire pour détruire entierement l'abus si commun, si mal entendu & si ruineux, non pas du remplacement des ceps originaires, mais de leur multiplication *par les provins*.

Cette funeste invention de la folle cupidité est une des principales causes habituelles de la détresse des Vignobles: *Elle leur coute plus que tous les impôts, ou du moins plus que tous les impôts fonciers*. C'eſt elle qui fait toute la cherté de la culture. Sans elle, cette culture ne couteroit preſque rien, ou du moins elle couteroit infiniment moins : auſſi eſt-ce principalement la ſuppreſſion de cet abus que je me ſuis propoſée dans cet Ecrit, non pas à l'égard des vignes à planter, ma nouvelle Méthode ſuffit & il ne faut qu'elle, comme, à l'égard d'une grande partie des vignes faites, il ne faudroit que le procédé qui a été exécuté l'année derniere, par ordre de S. A. S. Monſeigneur le Duc d'Orléans, ſur huit arpens de vignes faites du Château de Saint-Aſſiſe.

Ce procédé, dont les effets ſont, en tout, les mêmes que ceux de ma nouvelle Méthode, a des avantages de décoration, & même d'utilité *qu'il n'eſt pas poſſible de retrouver dans aucun autre moyen*; mais outre que mon intention n'eſt point de le donner, c'eſt que, pour le bien exécuter, il exige des combinaiſons que la plus grande partie des Vignerons auroit peine à entendre, à moins que les Maîtres ne les entendiſſent & ne les leur expliquaſſent eux-mêmes.

Ce n'eſt pas tout, ce procédé exige généralement la ſuppreſſion d'une grande partie des ceps & le couchage d'un grand nombre de ceux qui reſtent. Il ne peut s'appliquer qu'aux vignes très-épaiſſes, ou dont le jeune bois a beaucoup de longueur pour former les rangées ou y atteindre ; ainsi ce procédé exige beaucoup d'attention, des frais & en apparence de grands sacrifices. Tout cela, pour qui peut faire ces premiers frais, n'est rien en comparaison des grandes économies & des avantages qui en résultent ; mais indépendamment de la difficulté de faire exécuter cette opération par les Vignerons, qu'elle déroutine entierement & auxquels elle déplait d'ailleurs, parce qu'elle leur enleve clairement le bénéfice des provins & de tout ce qui s'ensuit, c'est que j'ai par devers moi la preuve que les Bourgeois eux-mêmes s'y prêteroient difficilement. Ce procédé, que je ne donne pas, je l'ai donné plus simple encore dans l'Art de la Vigne, & il n'y a peut-être pas dans le Royaume trente Propriétaires qui l'ayent fait exécuter. Il leur faut, du moins en général, ainsi qu'aux Vignerons, des moyens qui ne leur coutent rien, des combinaisons sans action, & par-dessus cela, fort simples : il faut faire leur bien sans qu'ils y mettent rien du leur, & à l'égard des vignes faites, réformer leur culture & cependant en conserver toute la forme.

Tels seront les effets des moyens que j'ai proposés jusqu'à présent dans cet Ecrit. Ces moyens, avec le fumage à propos, & souvent une meilleure culture, sont ceux par lesquels on peut principalement améliorer les vignes faites, & régulierement eſpacées, ne le fuſſent-elles que de deux pieds d'une rangée à l'autre.

Mais à l'égard des vignes épaiſſes & ſans ordre, comme elles le ſont aux environs de Paris & dans la plus grande partie du Royaume, ces moyens, tout grands qu'ils ſont, ne ſeroient pas toujours ſuffiſans, il faut encore y joindre ceux qui ſuivent.

Le premier qui, ainſi que le ſecond, eſt commun aux vignes eſpacées, comme à celles qui ne le ſont pas, c'eſt d'arracher tous les mauvais ceps, c'eſt-à-dire, tous les ceps qui ne rapportent pas ou qui ne rapportent que dans des années extraordinaires. Ces ceps dérobent une partie de la nourriture des autres, occupent inutilement la terre, embarraſſent la culture, & employent, en pure perte, des échalas dans les vignes où il y en a. Il faut donc les extirper, ſauf à en planter d'autres ſi la place l'exige.

Le ſecond moyen eſt d'arracher pareillement & par les mêmes raiſons, tous les ceps foibles & en même temps d'une mauvaiſe venue, ſurtout quand ils ont un certain âge. Quelqu'eſpace qu'on donnât à ces ceps, ils n'en profiteroient point, & rapporteroient toujours très-peu. En général il faut de bons ceps ou point: autrement les vignes ſeront toujours un mauvais bien.

Le troisieme moyen, particulier aux vignes serrées, c'est de dédoubler tous les ceps dont la distance entr'eux, est moindre d'un pied. Ce cas est très-commun dans les vignes épaisses, par l'usage des provins, ou autrement dit de la multiplication des ceps : souvent les tiges se touchent, & ne sont pas éloignées les unes des autres, de plus de six ou neuf pouces, & quelquefois moins. C'est un abus qui répugne aux notions les plus naturelles, & qui, indépendamment du préjudice qu'il porte évidemment au rapport & à la durée de la vigne, entraîne beaucoup d'autres inconvéniens très-graves, & entr'autres, une très-grande dépense : il est absolument nécessaire de le réformer ; ainsi quand deux ceps se trouveront à moins d'un pied l'un de l'autre, on en supprimera un, & toujours le plus foible, l'autre en deviendra beaucoup plus fort ; & cela, par deux raisons, la premiere, parce qu'il aura plus d'espace libre pour étendre ses racines ; la seconde, parce que souvent & très-souvent deux ceps aussi voisins appartiennent à la même souche, & que cette souche, n'ayant plus qu'un cep à nourrir au lieu de deux & quelquefois trois, toute la séve, puisée par cette souche, passera en entier au cep qui aura été réservé, & en augmentera plus que proportionnellement la force & le rapport.

Au lieu de procéder d'abord à la suppression des ceps à arracher *pour cause de trop grande proximité*, on pourra, supposé qu'ils ne soient ni mauvais, ni trop foibles, commencer par les coucher à environ un demi-pied en terre, & on les taillera fort long pour qu'ils donnent plus de fruit, & l'année suivante on les arrachera; mais comme ces ceps tiennent souvent, ainsi que je viens de le remarquer, à la même souche, que les ceps voisins que l'on veut réserver, il est nécessaire d'observer que ceux-ci soient taillés court, afin de ne pas trop épuiser la souche.

Si, aux environs des ceps qu'il s'agit de dédoubler, il y a quelques places à regarnir, on y couchera à demeure les ceps qu'on auroit supprimés sans cette circonstance, s'ils peuvent y atteindre. On les couchera généralement à la profondeur d'un pied, & on ne leur laissera hors de terre qu'un sarment pour en faire la tige, à moins que le cep ne fut très-vigoureux, auquel cas on pourra laisser deux sarmens, dont *l'un taillé à trois yeux, pour être supprimé l'année d'après*, & l'autre à deux yeux pour être conservé & former la tige.

Ces trois moyens, comme l'on voit, sont très-économiques, & si économiques que l'on peut dire qu'ils ne couteront rien, ni les uns, ni les autres, pas même le troisieme, à en regarder l'objet principal.

Il faut les employer successivement dans l'ordre que je les ai présentés, c'est-à-dire, qu'il faut commencer par supprimer tous les mauvais ceps, ensuite tous les ceps d'une mauvaise venue, & finir par les ceps trop voisins l'un de l'autre : autrement il pourroit y avoir confusion & méprises.

Si après avoir fait les deux premieres opérations, on s'apperçoit qu'il y a un trop grand vuide, il faudra, ou provigner comme je l'ai marqué à la pag. 23 de ma nouvelle Méthode, ou planter, comme je l'ai dit, à la pag. 24 de la même Méthode. J'estime que dans les vignes dont il s'agit, on ne doit pas replanter les ceps, ni à plus ni à moins de deux pieds de distance l'un de l'autre.

Les moyens que je viens de proposer, les principes & les combinaisons que j'ai exposés dans cet Ouvrage sur la maniere dont il faut conduire & tailler la vigne suivant les différentes circonstances, sont hors de toute atteinte, & assurément l'usage en est fort aisé ; il faut donc les mettre en pratique, puisque d'un côté l'instruction est sûre & son exécution facile, & que de l'autre, elle procurera aux Vignobles les plus grands avantages.

Elle leur ſauvera, par ſes différens effets, les frais immenſes que leur coûtent annuellement les provins, ou autrement dit la multiplication des ceps : elle leur épargnera une plus ou moins grande partie des échalas dans les vignes où il y en a : elle conſervera & même augmentera le produit actuel des vignes, en prolongera de beaucoup la durée, & cela ſans rien changer à leur extérieur & ſans qu'il en coûte un ſol de plus aux Vignobles.

Tels ſont, en derniere analyſe, les avantages que retireront les propriétaires des vignes, de l'inſtruction que je leur donne. Rien de plus invitant, ſans doute, que ces avantages. S'ils s'y refuſent, ils ſont les maîtres, mais alors ils iront contre leurs plus chers intérêts, & le comble de l'extravagance, ſelon moi, eſt d'agir contre ſoi-même.

Cependant quelqu'importans que ſoient pour les Vignobles, les avantages que leur procurera la pratique de l'inſtruction que je viens de leur donner à l'égard des Vignes faites, je ſuis forcé d'avouer qu'ils ſeront moins grands encore que ceux qu'ils auroient pu retirer de l'application de ma nouvelle Méthode à ces mêmes vignes, s'ils s'y rencontroit moins de difficultés ; rien (je ne le dis que pour l'inſtruction) rien, à mon avis, de mieux vû ſont tous les rapports que la combinaiſon de cette Méthode, pour l'eſpacement des ceps, dans tous les pays. A l'exception de quelques cantons où l'on ſéme du grain dans la vigne, & de ceux où, pour bonnes cauſes, on tient la vigne en hautains, il n'eſt point de lieux où cette Méthode ne ſoit préférable à toute autre.

Cette conſidération ne me déterminera pourtant pas à publier mon procédé pour établir cette méthode dans les vignes déja faites; mais comme il y a beaucoup de ces dernieres où l'on pourroit en faire uſage, & que parmi les perſonnes titrées & les grands Propriétaires, j'en remarque aujourd'hui beaucoup qui recherchent mes Ouvrages, je ſuis déterminé à communiquer ce procédé, tel qu'il a été exécuté chez S. A. S. Monſeigneur le Duc d'Orléans, aux perſonnes qui me le demanderont ſous les conditions ſuivantes.

La premiere, que toutes les lettres ſeront affranchies.

La ſeconde, qu'on me préſentera, non-ſeument le reçu ſigné de moi, joint au préſent Ouvrage, mais encore les reçus que j'ai joints à la Richeſſe des Vignobles & à la nouvelle Méthode de cultiver la vigne, qui eſt jointe à la théorie ſur le temps de la vendange.

La troiſieme condition à laquelle je ne dérogerai pas plus qu'aux deux autres, c'eſt que les perſonnes qui me feront l'honneur de m'écrire, m'informeront de l'état de leurs vignes, de leur ſituation, de l'ordre dans lequel elles ſont arrangées, de leur force, & autant qu'il ſera poſſible, de la maniere dont elles ſont cultivées; afin que je puiſſe juger par moi-même ſi le procédé y eſt ou non appliquable.

Faute d'obſerver ces trois conditions, je déclare d'avance, que, quelles que ſoient les perſonnes, je ne leur répondrai point.

Mon adreſſe eſt *rue du Pont-aux-Choux, au petit Hôtel de Poitou, à Paris.*

FIN.

APPROBATION.

J'Ai lu, par ordre de Monſeigneur le Garde des Sceaux, un Manuſcrit ayant pour titre; *Les principales Bévues des Vignerons aux environs de Paris, & par-tout, &c. pour ſervir de ſuite à la nouvelle Méthode de planter & de cultiver la vigne,* joint à l'*Avis & Leçon aux Laboureurs,* par M. Maupin, & *faiſant partie de ſes Œuvres.* Je n'ai rien vu qui m'ait paru devoir en empêcher l'impreſſion. Fait à Paris, ce 20 Août 1782.

DE SAUVIGNY.

Le Privilége ſe trouve à la fin de la Théorie ou Leçon ſur le temps de la Vendange.

De l'Imprimerie de J. CH. DESAINT, rue S. Jacques.

www.ingramcontent.com/pod-product-compliance
Lightning Source LLC
LaVergne TN
LVHW012015160826
845678LV00002B/852

* 9 7 8 2 3 2 9 6 5 7 8 2 0 *